这本书属于：

_____

便便！是你的吗？

［英］克莱尔·海伦·韦尔什　著

［英］妮古拉·奥伯恩　绘

常悦　译

GUANGXI NORMAL UNIVERSITY PRESS

广西师范大学出版社

·桂林·

环尾狐猴莱尼正在南美洲度假，他找到了一个阳光充足、适合打盹儿的好地方。突然，刮起了大风，一股臭味飘进了他的鼻子。

"便——便！是你的吗？"

莱尼怒视着朝他爬过来的马陆。

"我觉得不是。"马陆答道，"不过，当受到惊吓时，我确实会发出臭味，就像这样。"说着，马陆将身体蜷缩起来，随即一股臭味飘散开来。

莱尼抽了抽鼻子，虽然这股臭味令他想吐，但不是他之前闻到的那股**臭味**。

莱尼闭上眼睛，试着把那股**臭味**从脑海中抹去，但它始终在周围飘荡。

"便——便！是你的吗？"莱尼朝住在红树林里的麝（shè）雉大喊。

"不好意思，"麝雉有些尴尬地说，"我确实会发出臭味，这完全是我吃树叶的缘故。这些树叶不好消化。"

莱尼走上前闻了闻麝雉身上的气味，确实很难闻，但不是他之前闻到的那股**臭味**。

突然，从前面的草丛里传来一阵"沙沙"声。

"肯定是谁想要偷占我打盹儿的地方！"莱尼边想边准备回到阳光下继续打盹儿。

这时，一只食蚁兽慢悠悠地走了过来。

"**便——便！**是你的吗？"莱尼问食蚁兽，"是你制造了臭味，影响我打盹儿吗？"

"可能……也许……我的意思是，我确实很臭，但你问过臭鼬吗？他可比我臭多了。"

"你真没礼貌！"正在树洞里玩耍的臭鼬叫道。

莱尼对着食蚁兽和臭鼬狠狠地吸了吸鼻子，他们身上的气味都不是自己之前闻到的那股**臭味**。

莱尼回到他那块向阳处，安静地坐了下来，准备继续打盹儿，可是他怎么都睡不着。

无论莱尼如何想方设法地避开那股**臭味**，都没有成功。

"便——便！是你的吗？"莱尼问
一只牢牢抓着树叶的椿象。

"嘿！你吓到我了！"椿象生气地回答，"都是你，把我吓得这么臭！"

莱尼凑过去闻椿象身上的气味，但依旧不是他之前闻到的那股**臭味**。

"我需要呼吸点儿新鲜空气。"莱尼捏着鼻子朝树顶爬去。

莱尼爬上了树顶。这里的臭味更浓了。

"**便——便！** 是你的，对不对？！"莱尼对着在树上休息的树懒说，"你身上的气味就是我之前闻到的那股臭味！"

树懒丝毫不介意，慢吞吞地回答："我确……确实……有……一……一点儿……臭……"

"**我就知道！**"莱尼兴奋地说，"臭味可以防止其他动物吃掉你，对不对？就和臭鼬遇到危险会喷出很臭的液体一样……"

"事……事实……上，不是这样的。"树懒赶忙解释，"每……每次我都把自己洗……洗干净了，但很快就……就又脏了。你看到我身上的绿……绿色，其实……是藻类，是它们发出的臭味。"

"真恶心。"莱尼心里想。他对这些细节没兴趣，他只想闻一下树懒，找出制造之前那股臭味的**讨厌鬼**。他深吸了一口气，然后……

"呃！你确实很臭，但制造那股臭味的不是你！"莱尼失望地说。

"你有……没有想……过，也许……是大花……马兜铃呢？"树懒说着，给莱尼指了方向。

很快，莱尼就找到了大花马兜铃，
他靠过去深深地吸了一口气。

这绝对是莱尼几天来闻过的最臭的气味。
但大花马兜铃的气味仍然不是他之前闻到的
那股**臭味**。

可怜的莱尼，美美的"阳光小憩"就这么被糟蹋了，
其他动物都围着安慰他。

"那到底是什么气味呢？"马陆问。

"也许我们能帮上点儿忙。"麝雉说。

"好吧，"莱尼叹了口气，"我觉得像是发霉的……温热的……还有点儿让人恶心的气味。它似乎就在我身边。"

马陆和麝雉深吸一口气，然后看着彼此，"咯咯"地笑了起来。

"便——便！"马陆和麝雉一齐喊了出来，"莱尼，是你的！"

"我的？"莱尼说，"不可能！"

说着，莱尼仔细闻了闻自己的手腕和肩膀，说："哟！原来是我的臭味！"

莱尼非常开心，他终于找到了那股**臭味**的来源。他迈着轻快的步子，朝着打盹儿的地方走去。

自从莱尼知道了他之前闻到的那股**臭味**就是他自己的之后，他一点儿也不在乎了。

"**等等！**"麝雉喊道，"你的臭味有什么用？"

"看这个！"莱尼说。

"**终于**，一切回归宁静！"莱尼说。

莱尼在他那个充满阳光的好地方重新安顿下来，
准备好好打个盹儿。突然，又刮起了大风……

一股污浊的、夹杂着汗味和干酪味的**气味**飘进了莱尼的鼻子。

"便——便！"他喊道。

"是……"

"是你的？！"

关于动物们的真相！

环尾狐猴用气味标记自己的领地。它会用尾巴摩擦臭腺，然后在空中挥舞尾巴，让臭味飘散得越远越好。

与大多数鸟类不同，**麝雉**以树叶为主食。麝雉独特的消化系统会在消化树叶的过程中产生一种令人恶心的臭味。

马陆虽然小却能致命，它可以释放出带有恶臭的毒液。一百只马陆释放出的毒液足以杀死一个人。这太可怕了！

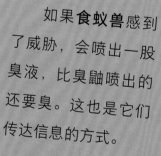

如果**食蚁兽**感到了威胁，会喷出一股臭液，比臭鼬喷出的还要臭。这也是它们传达信息的方式。

臭鼬有一种非常强大的武器——臭液。臭液先由臭鼬屁股上的两个臭腺分泌，再通过强壮的肌肉收缩喷出。而且，臭鼬能瞄得很准哟！

树懒行动太过缓慢，以致身上长满了藻类。这些藻类让树懒闻起来很臭。如此一来，树懒的身上就会吸引很多虫子来安家。研究人员曾经在一只树懒的身上发现了900多只虫子。

椿象种类繁多，不过它们有一个共同点————旦靠近，吓到了它们，它们就会释放出一股让人觉得恶心的臭味！

大花马兜铃闻起来像腐肉。对苍蝇来说，这是一种充满诱惑的气味……嗯！

你知道吗？ 人类算得上是地球上最臭的生物了。与大多数动物不同的是，人类的身体几乎每个部位都会散发气味。如果不勤洗澡的话，人类就会变得很臭很臭。

BIANBIAN! SHI NI DE MA?

出版统筹：汤文辉　　　　　　责任编辑：戚　浩
质量总监：李茂军　　　　　　助理编辑：王丽杰
选题策划：郭晓晨　张立飞　　美术编辑：易海军
版权联络：郭晓晨　张立飞　　营销编辑：宋婷婷
责任技编：郭　鹏

著作权合同登记号桂图登字：20-2022-074 号

图书在版编目（CIP）数据

便便！是你的吗？ /（英）克莱尔·海伦·韦尔什著；（英）妮古拉·奥伯恩绘；
常悦译. --桂林：广西师范大学出版社，2022.8
　　（有味道的动物科普）
　　ISBN 978-7-5598-5091-1

Ⅰ.①便… Ⅱ.①克… ②妮… ③常… Ⅲ.①动物－儿童读物
Ⅳ.①Q95-49

中国版本图书馆 CIP 数据核字（2022）第 101725 号

广西师范大学出版社出版发行

（广西桂林市五里店路 9 号　邮政编码：541004）
（网址：http://www.bbtpress.com）
出版人：黄轩庄
全国新华书店经销
北京博海升彩色印刷有限公司印刷
（北京市通州区中关村科技园通州园金桥科技产业基地环宇路 6 号　邮政编码：100076）
开本：787 mm × 1 092 mm　1/12
印张：$3\frac{4}{12}$　　　字数：40 千字
2022 年 8 月第 1 版　　2022 年 8 月第 1 次印刷
定价：48.00 元

如发现印装质量问题，影响阅读，请与出版社发行部门联系调换。

献给凯兰一家。

——克莱尔·海伦·韦尔什

献给劳拉、威尔、利、埃丽卡、欧文，以及所有医护人员。

——妮古拉·奥伯恩